Latreche Bilal
Deradrja Alla Eddine
Harkati Amani

Effet du repos sur la qualité technologique de la viande de poulet

Latreche Bilal
Deradrja Alla Eddine
Harkati Amani

Effet du repos sur la qualité technologique de la viande de poulet

Éditions universitaires européennes

Impressum / Mentions légales

Bibliografische Information der Deutschen Nationalbibliothek: Die Deutsche Nationalbibliothek verzeichnet diese Publikation in der Deutschen Nationalbibliografie; detaillierte bibliografische Daten sind im Internet über http://dnb.d-nb.de abrufbar.
Alle in diesem Buch genannten Marken und Produktnamen unterliegen warenzeichen-, marken- oder patentrechtlichem Schutz bzw. sind Warenzeichen oder eingetragene Warenzeichen der jeweiligen Inhaber. Die Wiedergabe von Marken, Produktnamen, Gebrauchsnamen, Handelsnamen, Warenbezeichnungen u.s.w. in diesem Werk berechtigt auch ohne besondere Kennzeichnung nicht zu der Annahme, dass solche Namen im Sinne der Warenzeichen- und Markenschutzgesetzgebung als frei zu betrachten wären und daher von jedermann benutzt werden dürften.

Information bibliographique publiée par la Deutsche Nationalbibliothek: La Deutsche Nationalbibliothek inscrit cette publication à la Deutsche Nationalbibliografie; des données bibliographiques détaillées sont disponibles sur internet à l'adresse http://dnb.d-nb.de.
Toutes marques et noms de produits mentionnés dans ce livre demeurent sous la protection des marques, des marques déposées et des brevets, et sont des marques ou des marques déposées de leurs détenteurs respectifs. L'utilisation des marques, noms de produits, noms communs, noms commerciaux, descriptions de produits, etc, même sans qu'ils soient mentionnés de façon particulière dans ce livre ne signifie en aucune façon que ces noms peuvent être utilisés sans restriction à l'égard de la législation pour la protection des marques et des marques déposées et pourraient donc être utilisés par quiconque.

Coverbild / Photo de couverture: www.ingimage.com

Verlag / Editeur:
Éditions universitaires européennes
ist ein Imprint der / est une marque déposée de
OmniScriptum GmbH & Co. KG
Heinrich-Böcking-Str. 6-8, 66121 Saarbrücken, Deutschland / Allemagne
Email: info@editions-ue.com

Herstellung: siehe letzte Seite /
Impression: voir la dernière page
ISBN: 978-3-8416-6618-5

Copyright / Droit d'auteur © 2015 OmniScriptum GmbH & Co. KG
Alle Rechte vorbehalten. / Tous droits réservés. Saarbrücken 2015

Sommaire

2

Liste des abréviations

FAO	Organisation des nations unies pour l'Alimentation et l'Agriculture
DSA	Direction des Services Agricoles.
DFD	Sombre, Ferme et Sèche ; [*Dark, Firm and dry*].
pHu	pH ultime.
B.B.A	wilaya de BorjBou Arreridj.
RTN	Rendement Technologique NAPOLE.
P.R.E	Pouvoir de Rétention d'Eau.

Liste des figures

Liste des tableaux

Introduction

Introduction

La viande est une denrée alimentaire de première nécessité, elle est considérée comme un aliment de choix, elle a une richesse protéique de haute valeur biologique et d'une importance non négligeable pour l'équilibre nutritionnel (GERARD, 1994).

En raison de la facilité d'élevage, de son faible cout, de sa qualité nutritionnelle et des innombrables possibilités culinaires le poulet est la viande la plus consommés dans le monde (FAO, 2009).

D'après les statistiques de la FAO (2010), dans le monde entier plus de 45 milliards de poulets de chair sont abattus annuellement. Ce produit assure une sécurité alimentaire et des revenus familiaux, en plus, de son un rôle important au niveau socioculturel (CORNFORTH, D. P., 1994).

Assurer un produit sain pour le consommateur présentant un niveau élevé des qualités organoleptiques et technologiques est le premier objectif à atteindre dans la filière viande, les préoccupations envers la qualité organoleptique sont moindres alors que beaucoup d'études précisant l'effet des manipulations sur ces propriétés. Cependant, satisfaire les exigences de la qualité technologique est devenu un enjeu majeur. La variabilité de cette qualité est due principalement au génotype et des conditions pré-abattage (BERRI et coll, 2004).

Malgré les progrès de ces dernières années, la période de pré-abattage est une source de stress pour les animaux. Les procédés d'abattage nécessitent des regroupements et des mélanges d'animaux, l'enlèvement du milieu habituel et l'introduction dans des environnements non familiers, le transport, la manipulation par l'homme et le jeûne, entraînent parfois des mauvaises conditions d'ambiance. Ils sont souvent générateurs de stress d'origine physique (fatigue, faim, douleur, inconfort physique) et psychologique (peur, stress social). Ces procédés entraînent des réponses comportementales, physiologiques et métaboliques qui sont utilisées pour évaluer le niveau de stress de l'animal. Afin de mieux respecter le bien-être animal à l'abattage (ARNOULD et coll, 2007).

Certaines réponses comportementales et physiologiques liées aux conditions pré-abattage affectent le bien être de l'animal car elles ont un impact sur le métabolisme *ante* et *post-mortem* et par la suite sur la qualité technologique des viandes de poulet (DEBUT et coll2003).

Dans ce contexte notre travaille comporte sur deux principaux volets , dont le premier vise la présentation des pratiques utilisés dans la filière avicole et spécialement le segment poulet de chaire dans la wilaya de Bordj Bou Arreridj à travers une enquête qui a concernée 37 établissements d'abattage et bâtiments d'élevages pendant une période de 22 jours (26 mai 2011 au 18 juin 2011), où nous avons essayé de ressortir ces pratiques en appuyant de plus sur celles qui ont un effet sur le bien-être des animaux. Parmi ces dernières nous avons choisi à étudier l'effet du repos pré-abattage sur la qualité spécialement technologique de la viande de poulet de chaire.

Matériel et méthodes

L'objectif principal de notre travail porte sur l'étude de l'effet des conditions prés abattage sur la qualité de la viande de poulet. Cette étude a été réalisée travers deux principaux axes:

- Une enquête qui vise à ressortir toutes les pratiques utilisés dans la filière avicole (segment poulet de chair) en appuyant le plus sur celles qui ont un effet sur le bien-être des animaux.

- Un complément pratique dans lequel nous avons étudié l'effet du repos pré-abattage sur le bien-être de l'animal où nous avons estimés le stress par mesure de la glycémie et par la suite sur la qualité de la viande, par mesure

pH de la viande

Pertes en eau à la conservation

Pertes en eau à la décongélation

Pertes en eau à la cuisson

Le rendement technologique NAPOLE

Partie 01 : Étude de la situationfilière avicole (segment poulet de chaire) dans la wilaya de B.B. ARRERIDJ

1-Généralités sur l'enquête

1-1-Définition

Une enquête est une méthode de recueil d'information sur un grand nombre de personne, en interrogeant seulement quelques-unes d'entre elles. Elle peut être une manière utile de collecter des informations sur les besoins, le comportement, les attitudes, l'environnement et les opinions des gens, ainsi que sur des caractéristiques personnelles telles que l'âge, le revenu et le métier (FAO, 1992).

1-2-Définition et construction du questionnaire

Le questionnaire est un test composé par un nombre plus ou moins élevé de questions présentées par écrit au sujet(ALBOU, 1968).

Construire un questionnaire, c'est tout d'abord préciser les objectifs de la recherche et en suite, traduire ces objectifs en questions bien rédigées (ALBOU, 1968).

La rédaction d'un questionnaire doit répondre à de nombreux critères :

➢ Les questions doivent être formulées de façon claire et simple.

➢ Elles doivent être ordonnées d'une façon logique.

➢ Elles doivent donner lieu à des réponses précisées et objectives (FAO, 1992).

➢ Elles doivent être posées de telle sorte que l'on obtienne des réponses claires (BOUSSAKTA, 1988).

1-3-Les Différents Modèles de questions

Il s'agit de 3 grands types de questions : structurées, non structurées et semi-structurées (FAO, 1992), chacune de ces formes de questions répond à des besoins distincts et à des situations différentes (MUCCHELI). Ces trois formes sont différentes par le degré de liberté laissé à la personne interrogée.

1-3-1-Question structurée (fermée)

C'est celle pour laquelle tous les types des réponses admissibles sont fixés par le questionnaire (ALBOU, 1968). L'avantage de la question fermée, c'est qu'elle permet de repérer et de classer facilement les réponses (MUCCHEILLI, 1975). On distingue :

Question à « choix binaire » : seules réponses possibles OUI ou NON (éventuellement NE SAIS PAS).

Question « cafétéria » ou (à choix multiple) : prévoir une case AUTRE et un espace pour expliquer cette dernière option. Si on sollicite plusieurs réponses pour une même question, en informer l'interrogé ciré par KADI, 2005.

1-3-2-Question non structurée (ouverte)

A l'inverse de la précédente, celle-ci ne prévoit pas de réponse et laisse à l'individu la liberté totale de s'exprimer (MUCCHEILLI, 1975).

Elle permet d'aborder pratiquement n'importe quel sujet et fournit un matériel beaucoup plus riche que la question fermée (ALBOU, 1968), mais elle est difficile à dépouiller (MUCCHEILLI, 1975).

Ce type de question prend du temps sur le terrain et beaucoup de places sur le formulaire, il est difficile à coder et à tabuler.

1-3-3-Question semi structurée

C'est une combinaison des deux autres types de questions, c'est l'enquêteur qui doit inscrire la réponse dans les catégories fixées. Les différentes catégories de réponses ne sont pas lues à la personne interrogée (FAO, 1992).

2-Enquête proprement dite

Nous avons mené notre enquête auprès de 37 établissements dont 14 d'abattage et 23 d'élevage dans la wilaya de B.B.ARRERIDJ.

2-1-Description et délimitation du champ d'étude

Située sur le territoire des Hautes plaines, à cheval sur la chaîne de montagne des Bibans, la wilaya de Bordj Bou Arreridj occupe une place stratégique au sein de l'Est algérien. En effet, elle se trouve à mi-parcours du trajet séparant Alger de Constantine.

La wilaya de Bejaïa au nord, de Bouira à l'ouest, de M'Sila au sud et de Sétif à l'est en composent les frontières.
Elle est respectivement située à 60 km de Sétif, 58 km de M'sila, et 100 km de Bejaïa.

Son climat continental offre des températures chaudes en été et très froides en hiver, parmi les plus basses d'Algérie.

Trois zones géographiques se succèdent dans la wilaya :
- une zone montagneuse, avec au nord, la chaîne des Bibans.
- une zone de hautes plaines qui constitue la majeure partie de la wilaya.
- une zone steppique, au sud-ouest, à vocation agropastoral

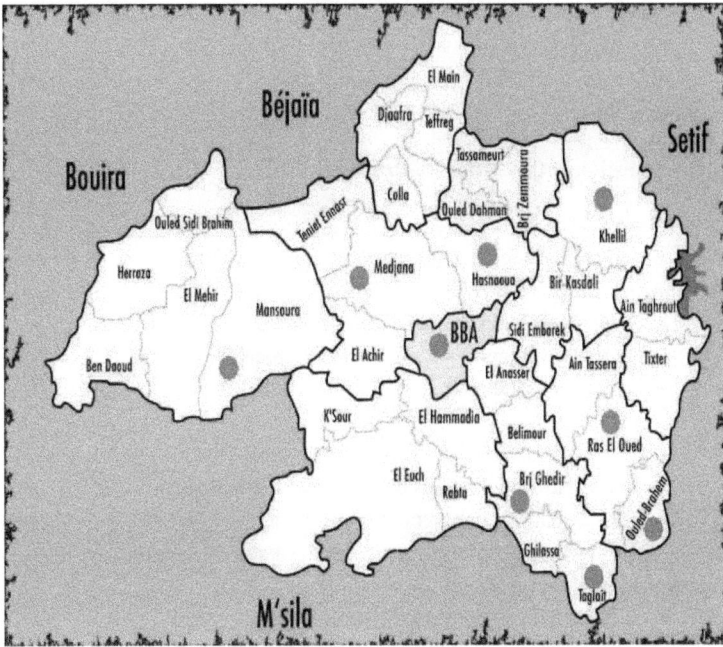

Figure №1 : Carte géographique de la wilaya de B.B. Arreridj présentant les zones de forte production

2-2-Choix de la méthode

Nous avons utilisés la méthode d'enquête par questionnaire en raison de sa simplicité, sa rapidité et mois gênante pour les personnes enquêtés.

Cette méthode est d'un grand avantage qui est celui de mettre en contacte l'enquêteur et l'enquête. Cela permet si nécessaire de préciser l'objectif du questionnaire ainsi que le contenu des questions (LAGRANGE, 1995).

2-3-Déroulement de l'enquête

Nous avons réalisé l'enquête proprement dite entre les mois de mais et juin dans la wilaya de B.B.ARRERIDJ.

Nous avons opté de réaliser l'enquête par l'interview avec :

▪ Les éleveurs au niveau de leurs bâtiments ce qui permet d'observerai le bâtiment directement, confirmer les réponses obtenus et prendre des photos.

▪ Les vétérinaires.

▪ Les propriétaires ou responsables de production dans les abattoirs et prendre des photos.

2-4-Questions utilisés dans notre travail

2-4-1-Élevage

➢ Des renseignements généraux sur la conception et l'implantation des bâtiments

➢ Des renseignements sur l'éleveur

➢ Des renseignements sur le déroulement de l'élevage.

➢ Des renseignements sur l'hygiène et la santé

2-4-2-Abattage

➢ Informations générales concertants l'établissement.

➢ Informations concernant le personnel.

➢ Informations concernant les animaux et les conditions pré-abattage, on appuyant le plus sur les informations concernant **le repos pré-abattage.**

➢ Informations concernant l'abattage.

➢ Informations concernant la commercialisation.

2-5-Difficultés rencontrées lors de l'enquête

Bien que nous ayons enquêtés auprès d'une population, les problèmes rencontrés n'étaient pas négligeables.

- L'isolation et inconnaissance des sites d'élevage et d'abattage nous oblige de les chercher par nous-même.

- Les difficultés de déplacement vue la grande distance entre les sites enquêtés, d'où la nécessité d'un véhicule sur place.

- Nous ne laissent pas entré parce que le responsable est absent (cas des tueries) ou bien fait peur de contrôle de qualité et d'hygiène.

- N'étaient pas obligés de répondre ou bien nous ne dirent pas la vérité.

- Problèmes de la langue ; le questionnaire est rédigé en langue française et donc peu accepté par les éleveurs.

2-6-Traitement des données

Nous avons utilisés l'Excel 2007 pour le traitement des résultats obtenues.

Partie 2 : Étude de l'effet durepos sur la qualité de la viande

1- Méthodologie

Dans le but de faire une évaluation de l'effet du repos pré-abattage sur la qualité des viandes de poulet de chair, nous avons adopté la méthodologie décrite par la figure suivante :

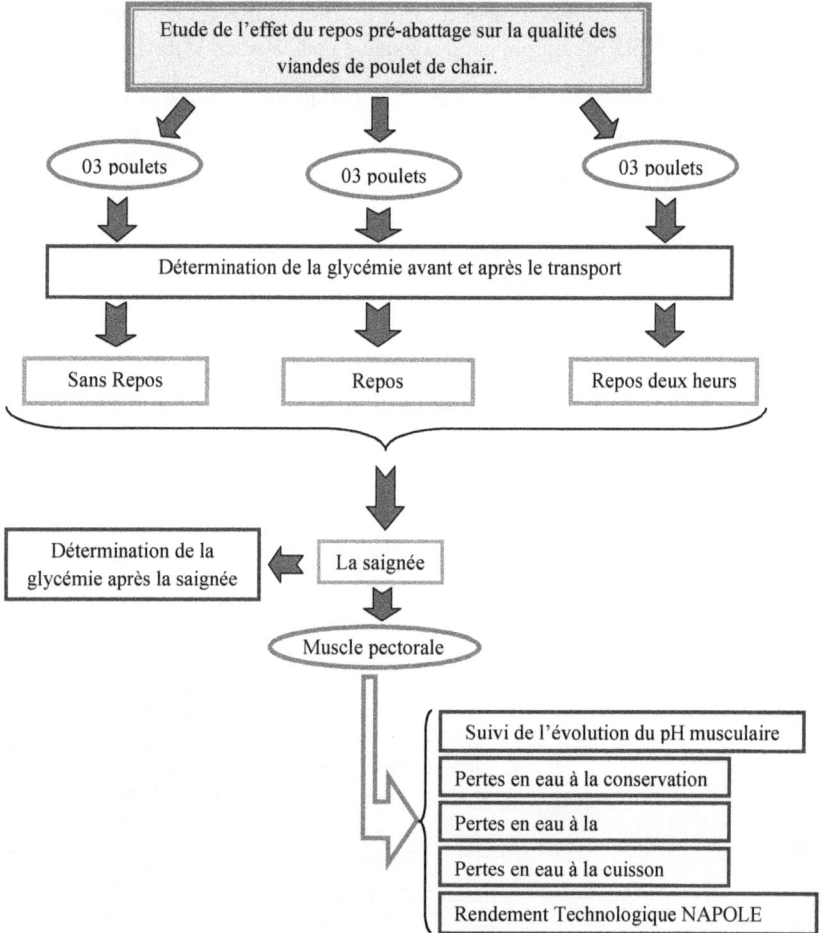

Figure.№2 : Méthodologie générale du travail

2-Matière biologique

Le travail a été réalisé en utilisant 09 poulets en total du même lot dont la souche est ISA15, ces poulets ont des poids de 1,5-2 kg, élevéesdans la wilaya de Constantine.

3-Transport

Les conditions de transport des poulets au laboratoire étaient les même avec une durée moyenne de 45 minutes.

4-Repos

Vu que le repos est le facteur pré-abattage àétudier, on a pratiqué pour chaque trois poulets un type de repos ; le premier groupe est abattu sans repos,le deuxième après un repos d'une heure tandis que le dernier a bénéficié d'un repos de deux heures.

5-Abattage

Concernant la saignée des animaux, elle s'effectueselon le rituel musulman.

6-Estimation du stress

Le niveau de stress peut être estimé à travers plusieurs paramètres impliqués dans le processus physiologique tel que le taux des corticostérones, catécholamines et la glycémie. Pour notre travail, nous avons utilisé la mesure de la glycémie, qui a été effectuée à plusieurs niveaux.

6-1- Niveaux de mesure de la glycémie

Nous avons jugé intéressant de mesuré la glycémie après chaque changement de condition

▪ Avant le transport pour s'assurer que le lot est homogène et ne présent aucun problème de santé.
▪ A la réception pour vérifier l'effet du transport et mettre en évidence la valeur de glycémie de départ avant repos.
▪ A la saignée et après repos pour avoir l'effet du repos sue l'état de l'animale.

6-2- Prélèvement sanguin

On fait sortir le poulet de la caisse tout en essayant au maximum de maintenir l'oiseau calme. Doucement, on déplie ses ails par la main gauche et on attrape ses pattes avec la main droite puis on la couche sur la caisse les ails dépliés.On peut demander l'aide d'un assistant à maintenir les pattes fixées et couvrir la tête du poulet avec la main. Le poulet est calme, on commence à enlever les petites plumes du côté interne recouvrant l'humérus et nettoyez avec de l'alcool à 70%.

La veine de l'aile appelée selon les sources veine brachiale, ulnaire, ou ulnaire cutanée est bien visible entre le biceps et le triceps.On insert l'aiguille sous le tendon du muscle pronateur, dans le triangle où les veines bifurquent (voir figure №3) et on enfonce l'aiguille proximalement c'est-à-dire dans la direction du flux sanguin.

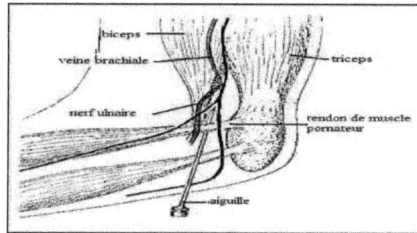

Figure.№3: Illustration d'un lieu anatomique pratique pour prélever le sang des poulets

(ALDERS ET SPRADBROW. 2000)

Cette technique nécessite une aiguille et une seringue.Dans le cas où l'oiseau se débat (oiseau coriace) il ne sera pas utilisé pour effectuer un prélèvement.

6-3- Mesure de la glycémie

La glycémie a été déterminée en utilisant des bandelettes réactives permettant la mesure quantitative de la glycémie à partir de sang capillaire frais ; ces bandelettes sont employées avec un lecteur Accu-Check Active.

6-3-1-Volume et durée de la mesure

Le lecteur à besoin de 1 à 2 μl de sang par mesure de la glycémie. Si la bandelette réactive se trouve dans le lecteur au moment de l'application de sang, la mesure prend environ 5 secondes.

6-3-2-Principe de fonctionnement

Chaque bandelette est munie d'une zone réactive contenant des réactifs. L'application de sang sur cette zone réactive provoque une réaction chimique se traduisant par un changement de la couleur de la zone réactive. Le lecteur calcule alors la valeur de glycémie correspondant à la coloration obtenue.

6-3-3-Principe du test

Test à la glycose-dye-oxydo-réductase avec médiateur d'oxydoréduction (test à la pyrroloquinoline quinone-glucose déshydrogénase avec médiateur d'oxydoréduction).

7-Mesure et suivie du pH musculaire

Après la saignée les muscles sont rapidement prélevés et transportés au laboratoire où ils vont subir une conservation à une température de 4 °C.

7-1- Prélèvement des muscles

Le muscle choisi pour cette étude est le muscle pectoral extérieur (figure№ 4).

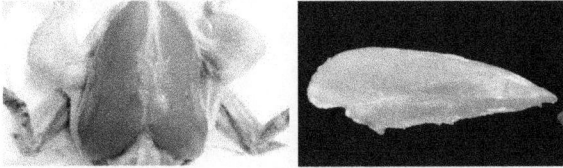

Figure.№ 4: Prélèvement du muscle pectoral

7-2- Mesure et suivi du pH

Le pH constitue un paramètre technologique très important vu son influence sur toutes les qualités du produit. La mesure de ce dernier a été effectuée à plusieurs temps *post mortem* pour déterminer la cinétique d'évolution et sa caractérisation.

Pour mesurer le pH, on utilise un pH mètre spéciale pour la viande (meat pH-mètre ; HANNA, HI 99163) munie d'une électrode de pénétration, Le pH est mesuré chaque 10 minutes *post mortem* jusqu'à l'obtention de pH ultime, puis chaque demi-heure et à 24h pour s'assurer du pH ultime.

8- Analyses complémentaires

Au cours de cette étude nous avons mesuré à pH ultime :

- Les pertes en eau à la conservation.
- Les pertes en eau à la décongélation.
- Les pertes en eau à la cuisson.
- Le rendement technologique NAPOLE.

8-1-Pertes en eau à la conservation

Les escalopes découpées à 24h *post mortem* sont pesées, placées en barquette contenant un papier absorbant, filmées (film perméable à l'oxygène) et conservées à 4°C pendant 9 jours. Les escalopes sont pesées au neuvième jour (MOLETTE, 2004).

$$\text{Pertes (\%)} = \frac{\text{(Poids avant traitement - Poids après traitement)} \times 100}{\text{(Poids avant traitement}}$$

8-2-Pertes en eauà la décongélation

Les pertes à la décongélation sont mesurées sur les escalopes par pesée avant congélation et après décongélation. La congélation des escalopes a duré une semaine. Les échantillons sont placés à +4°C la nuit précédant la mesure(Molette, 2004).

$$\text{Pertes (\%)} = \frac{\text{(Poids avant traitement - Poids après traitement)} \times 100}{\text{(Poids avant traitement}}$$

8-3-Pertes en eau à la cuisson

Les pertes à la cuisson sont mesurées à partir des escalopes emballées sous vide.Les échantillons sont placés dans un bain-marie thermostaté à 80°C pendant 15 min (Honikel, 1998 ; Molette et coll., 2003). Après cuisson, les échantillons sont placés dans de l'eau courante pour leur permettre de s'équilibrer à température ambiante, puis sont essuyés et pesés (Molette, 2004).

$$\text{Pertes (\%)} = \frac{\text{(Poids avant traitement - Poids après traitement)} \times 100}{\text{(Poids avant traitement}}$$

8-4-Mesure du rendement technologique NAPOLE (RTN)

Pour estimer le rendement technologique NAPOLE, 100g de muscle sont découpés en dés de 1 cm de côté environ et placés dans 20g de saumure (0.6% nitrite de sodium). Après 24h de saumurage à 4°C, la préparation est cuite pendant 15 min dans de l'eau bouillante et égouttée pendant 2h30 (NAVEAU et coll., 1985).

Résultats et discussion

Présentation générale

Nous rappelons notre objectif qui porte sur l'étude de l'effet des conditions prés abattage sur la qualité de la viande depoulet. Cette étude a été réalisée en deux principaux volets dont le premier est une présentation des pratiques utilisées dans la filière avicole et spécialement le segment poulet de chair à travers l'enquête où nous avons essayé de ressortir ces pratiques, en appuyant le plus sur celles qui ont un effet sur le bien-être des animaux et parmi lesquelles nous avant choisi le repos comme facteur de stress. Le repos a été exploité dans un deuxième volet qui a pour objectif la mise en évidence de son effetsur la qualité technologique et organoleptique de la viande, qui sont : le pH, les pertes à la conservation, à la décongélation, à la cuisson, et le rendement technologique NAPOLE, les résultats de ce travail ont été présentés dans cette partie comme suit.

Partie 1 : Résultats de l'enquête

En premier lieu nous allons présenter nos résultats sous forme de figures avec des discutions de certaines situations.

Ensuite nous allons essayer de ressortir les pratiques qui influencent le plus le bien-être des animaux et qui ont un effet sur la qualité des viandes de poulet de chaire et ceci sur deux niveaux qui sont l'élevage et l'abattage.

Partie 2 : Résultats du laboratoire

L'effet du repos prés abattage a été approché par la mesure de la glycémie qui est considérée comme indicateur de stress vu sa part dans le mécanisme physiologique général de ce dernier.

En suite les résultats de la mesure du pH, qui constitue le paramètre technologique le plus important suite à sa grande contribution dans les évolutions *post mortem*qui ont été représentées sous forme de cinétique tracé à partir des moyennes de 3 sujets.

L'évaluation de la capacité de rétention en eau par mesure des pertes à la conservation, à la décongélation, et à la cuisson ainsi que le rendement technologique NAPOLE de la viande ont été représentée sous forme graphe tracés à partir des moyenne de 3 poulets.

1- Résultats de l'enquête

D'une manière générale notre enquête a ressorti plusieurs informations importantes concernant la situation de la filière avicole dans la wilaya de B.B. Arreridj, et spécialement les pratiques utilisées dans le segment poulet de chairequi ont un effet plus ou moins important sur la qualité de la viande. Nos questions vont être présentées une par une, commençant par le niveau élevage jusqu'à l'abattage.

1-1-Partie élevage

1-1-1-Informations générales

Dans un premier lieu nous allons commencer par décrire des informations sur les manipulateurs qui exercent le métier, les constructions utilisés et aussi les matières premières utilisées.

Les structures enquêtées sont à presque la majorité (85%) des privées, après les privées la coopérative est la plus dominante par rapports à l'état.

Ces structures enquêtées sont situées spécialement aux communes de OuledBrahem, Ras El Oued, Hasnaoua, Mansoura, BorjGhedir, Khelil, Taglait et ceci suite à la facilite de travail dans ces régions.

La production de poulet de chair est très importante dans la wilaya de B.B Arreridj et la plus part des exploitations n'ont qu'un seul bâtiment, ce qui revient aux capacités des investisseurs dans le domaine, comme la représente la figure№ 5.

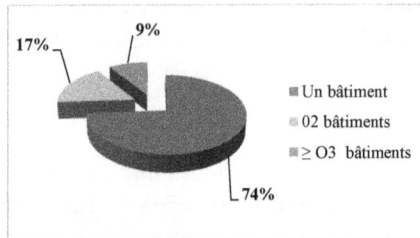

Figure №5: Répartition des éleveurs selon le nombre des bâtiments

Pour la souche utilisée, la plus dominanteestISA 15 avec un pourcentage de 87% le reste est représenté par la souche Arbor Acres.

La souche ISA 15 est une souche française qui s'adapte bien dans la région, elle est été utilisée par le colon et après l'indépendance l'état a continuée l'investissement avec cette souche suite à sa rentabilité.

Concernant le type d'élevage, pour tous les établissements enquêtés l'élevage de poulet de chair se fait au sol sur litière.

La capacité d'élevage se diffère d'un éleveur à l'autre selon la capacité d'investissement de chacun, car elle varie de 2000 à 15000 sujets, voir Figure № 6.

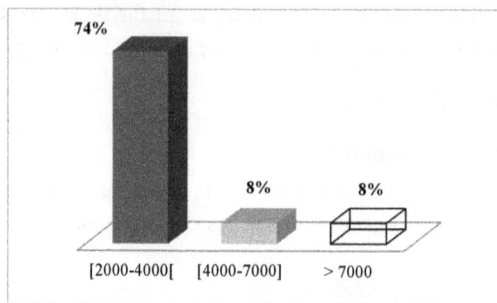

Figure № 6: Répartition des éleveurs selon la capacité de production

La densité moyenne par m^{2}est un critère très important dans le cycle d'élevage, car il influe directement sur la croissance des animaux, selon nos résultat elle est variable entre8 à 11 sujets /m^2.

Les éleveurs de la région de B.B. Arreridj apportent leur poussin de différents couvoirs, Barhoum (M'sila), El Eulma, Tizi Ouzou, Alger. Avec une distance d'éloignement entre 70 et 260 km, d'une manière générale les poussins sont apportés aux exploitations d'élevage à l'âge d'une journée avec un poids moyen de 40-50g.

1-1-2-Informations concernant le bâtiment d'élevage

C'est une partie qui vise à décrire en détail le bâtiment d'élevage, et toutes les informations qui entrent dans la construction des bâtiments et qui ont un effet directe sur la croissance des animaux et par suite la qualité de la viande.

L'orientation des bâtiments par rapport au sens du vent dans la région est un critère à prendre en considération lors de la construction, nous allons constater que 48% des éleveurs enquêtés de poulet de chair font l'orientation en direction Est-Ouest, alors que le reste ne suit pas cette direction.

Les éleveurs qui orientent leur bâtiment assurent par cela une bonne aération et une protection contre le froid et la chaleur.

Pour la surface du bâtiment, elle est variable entre 200 et 500 m² pour le poulet de chair.

Concernant l'utilisation des isolants, on a constaté que les isolants ne sont pas utilisés dans les bâtiments d'élevage au niveau de la wilaya de Bordj Bou Arreridj, ceci est en raison du manque du matériel.

1-1-3-Informations concernant l'éleveur et l'ouvrier

Les repenses des questions de cette partie nous permette d'avoir une idée sur les manipulateurs du métier dans le terrain.

Presque la plupart des avicultures enquêtées de poulet de chair utilisent un à trois travailleurs dans chaque poulailler. Pour la plus part, le niveau primaire est le niveau le plus fréquent (voir la Figure № 7), ainsi que la majorité des éleveurs de poulet de chair ont appuis leur métier par leurs responsables.

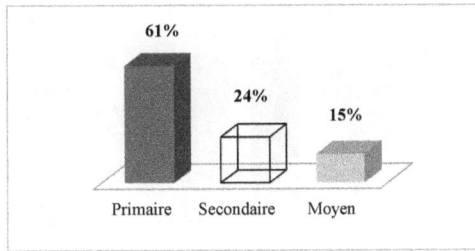

Figure.№ 7: Répartition des éleveurs selon leurs formations

La tranche d'âge le plus dominante et celle de 20-30 et 30- 40 ans, la figure № 8représente bien les résultats d'enquête.

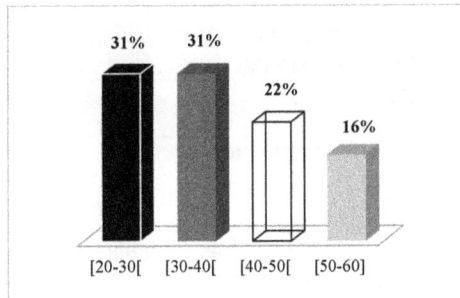

Figure № 8: Répartition des éleveurs selon l'âge

25

On peut dire que l'âge entre 20 et 40 ans permet à la personne de supporter les conditions difficiles de travail d'un côté et d'autre coté ils sont apte à exercer le métier avec certaine expérience et un peut plus de sérieux par rapport à l'âge plus jeune.

Nous avons remarqué une absence totale des éleveurs de la région dans les différentes manifestations, à cause de manque d'informations et la majorité des éleveurs enquêtés (66%) ne sont pas intéressés pour faire des formations dans le domaine.

Au cours de notre étude et on questionnant les éleveurs nous avons constaté que la plus part (71%) de ces derniers ne se contactent pas entre eux, en plusnous avons remarqués que 37% des éleveurs de poulet de chair ont une ancienneté entre 5 et 10 ans (Voir la figure№ 9).

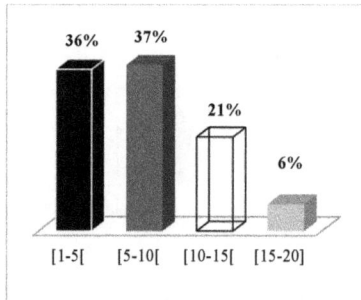

Figure № 9: Répartition des éleveurs selon l'anciennetédans le métier

1-1-4-Informations concernant le transport des poussins

Les poussins sont transportés avec des véhicules 100% couverts dans des caisses en carton, la durée moyenne de transport est de :
1h30-2h pour El Eulma et Barhoum.
3-4h pour TiziOuzou.

1-1-5-Informations concernant l'élevage

1-1-5-1-la litière

C'est un facteur prédominant dans la conduite de l'élevage et qui intervient directement sur le bien être des poulets.
Notre étude montre que 100% des avicultures enquêtés de poulet de chair utilisent une litière de type sciure de bois.

Pour l'élevage de poulet chair la durée d'élevage est de 60 jours pour64% des éleveurs enquêtés, cette durée est variable selon l'état d'engraissement des volailles et le prix du marché, comme illustre la figure suivante.

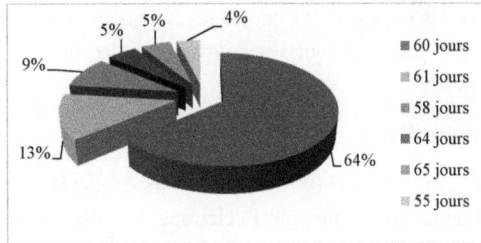

Figure № 10: Répartition des Avicultures enquêtés selon la durée totale d'élevage

La durée totale d'élevage est constituée par trois phases :

- La phase de démarrage : varie entre 14-20 jours.
- La phase de croissance : varie entre 28-45 jours.
- La phase de finition : varie entre 10-15 jours.

1-1-5-2-Avant arrivée des poussins

Tous les éleveurs enquêtés désinfectent les bâtiments préalablement pour éviter les maladies des poulets, elle se fait 1-4 jours avant l'arrivée des poussins.

Notre étude montre aussi que 100% des éleveurs de poulet font le préchauffage avant l'arrivée des poussins au niveau de chaque bâtiment.

L'objectif du préchauffage du bâtiment à l'arrivée des poussins de poulet de chair pour que la sciure soit chaude sur toute son épaisseur et d'avoir une température suffisante au cours des premiers jours de l'ordre de 34°c.

Concernant le contrôle de l'hygrométrie, tous les éleveurs enquêtésne font pas ce contrôle à cause de manque des instruments, par contre la majorité des éleveurs font le contrôle de la température dont 87% d'entre eux utilisent le thermomètre normale

Pour la ventilation, tous les éleveurs enquêtés pratiquent l'aération dans leur bâtiment par les fenêtres.

1-1-5-3-Arrivée des poussins

Nos résultats montrent que 44% des exploitations font l'inspection par des vétérinaires dès l'arrivés des poussins pour éviter les problèmes ultérieurs. Alors que 95% des éleveurs ne contrôlent pas le poids sauf s'il y a une perturbation de croissance visible.

Pour la vaccination, notre étude signale que 100% des éleveurs de poulet de chair vaccine leurs animaux, les vaccins les plus utilisés pour les éleveurs sont : NEWCASTLE, GUMBORO, BRANCHITE.

Pour toutes les exploitations enquêtées le taux de mortalité est de l'ordre de 1 à 2.5 poussins par jour, ce sont les animaux faibles et qui n'ont pas supporté le transport.

1-1-5-4-Conduite d'élevage

Notre étude montre que 100% des éleveurs enquêtés de poulet de chair utilisent un matériel manuel, ainsi que pour l'éclairage, la puissance est variable d'un éleveur à l'autre selon la surface, l'obscurité du bâtiment et l'âge, pour le poulet de chair la moyenne de la puissance utilisée est de 3 watt/m^2.

Concernant l'alimentation des animaux, la totalité des éleveurs donnent aux animaux la miette au démarrage et les granulés à la croissance et finition, la quantité consommée pour le poulet de chair est représenté dans le tableau ci-dessous :

Tableau№ 1: Quantité de l'aliment consommé par les animaux durant les phases d'élevage.

Phase	Quantité
Démarrage	20-40 grammes/sujet/jours
Croissance	60-100grammes/sujet/jours
Finition	120 grammes/sujet/jours

En plus notre étude montre que 83% des éleveurs enquêtés n'utilisent pas les enzymes de digestion (la plus part ne savent pas les noms de ces enzymes). Ainsi que la totalitéutilisent les promoteurs de croissance (Acides Aminés, Multi-vitamines).

Tous les éleveurs enquêtés utilisent l'eau de fourrage pour abreuver les poulets, cette eau est additionnée de vitamine C, de sucre et d'hépatho-protecteur.

Au de notre étude on a signalé que la mortalité globale est de 4– 8% pour le poulet de chair, les résultats sont dus principalement à des défaillances dans la conduite d'élevage, à la mauvaise conception et à l'absence d'isolation du bâtiment.

Notre étude montre que la totalité des éleveurs enquêtés de poulet de chair estime le taux d'ammoniac par analyse sensorielle, et 78% d'entre eux commercialisent leurs produits selon l'âge comme illustre la figure № 11.

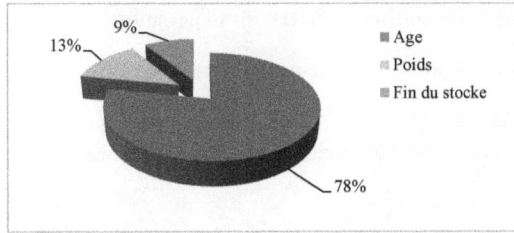

Figure № 11: Répartition des éleveurs selon la commercialisation des poulets.

Le jeun des animaux avant le transport aux abattoirs n'est pas pratiqué d'une manière générale sauf par 13% des éleveurs enquêtés.

Les résultats de notre étude montre quepresque la totalité des éleveurs enquêtés utilisent des antistress qui sont généralement des antibiotiques et des vitamines.

Le mode de ramassage est l'une des pratiques qui intervient le plus sur le niveau du stress des animaux, dans notre cas et dans notre régions d'étude, c'est le ramassage parles pieds qui est le plus utilisé.

Mise à part les établissements étatiques, le passageduvétérinaire se fait selon la demande des éleveurs et par ceci selon son besoin.

1-2-Partie abattage

Après élevage les animaux vents être acheminer vers les abattoirs. Du poulailler jusqu'à la saignés plusieurs facteurs peuvent intervenir sur le bien-être des animaux et par la suite sur la qualité de la viande aussi dans les abattoirs certaines pratiques peuvent influer cette dernière et dans cette partie nous allons également donner une idée sur ce qui ce passe dans le terrain de ce secteur en essayons parallèlement de ressortir les pratiques qui influencent le plus la qualité finale de la viande de poulet.

1-2-1-Informations générales concernant l'établissement

L'emplacement de la plus part des tueries enquêtés se situent dans les communes de B.B.A., El Hammadia, Ras El Oued.

La totalité des établissements dans la régionsont des tueries, ces résultats montrent, la dominance des tueries comme un type d'établissement à cause d'absence des abattoirs étatiques ou privées au niveau de la wilaya.

La capacité installée pour les tueries diffère entre 300 et 2400 sujet /jour.

1-2-2-Informations concernant le personnel

1-2-2-1-Responsable de production

Les résultats de notre enquête montrent que lesniveaux d'enseignementles plus dominants sont le secondaire et le primaire comme le représente la figure № 12.

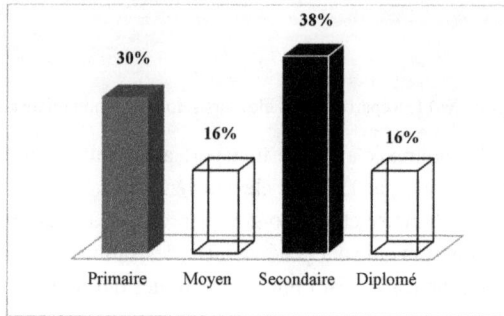

Figure № 12: Répartition des responsables de production selon le niveau d'enseignement

Ces responsables sont âgés généralement entre 30 et 40 ans (Voir figure.№ 13).

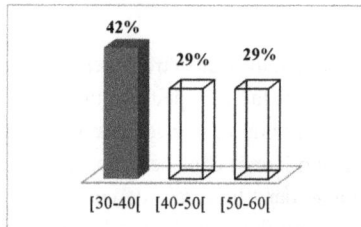

Figure № 13: Répartition des responsables de production selon l'âge

Ainsi que la majorité d'entre eux on acquit le métier par expérience personnelle dans le domaine.

Pour 35% des responsables enquêtés l'ancienneté dans le métier est généralement de 1 à 5 ans, comme le montre la figure suivante.

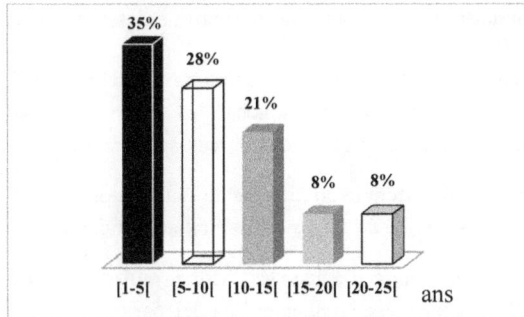

Figure № 14: Répartition des responsables de production selon l'ancienneté dans le métier

Les résultats montrent que La totalité des responsables enquêtés n'ont pas envie de faire une formation dans le domaine, et ne contactent pas entre eux, ainsique leur participation dans les manifestations est toujours absent dans la région de BBA.

1-2-2-2-Travailleurs dans le secteur abattage

Le nombre de travailleur dans le secteur abattage diffère généralement selon la capacité installée :

[300-1000[sujet /Jours $\implies$ Nombre entre 02-05 travailleurs.

[1000-2400[sujet/Jours $\implies$ Nombre entre 06-11 travailleurs.

Les résultats de notre enquête montrent que lesniveaux d'enseignementles plus dominants sont le primaire et le moyen.

Ces travailleurs ont généralement une expérience de 01-05ans dans le métier (voir la figure № 15).

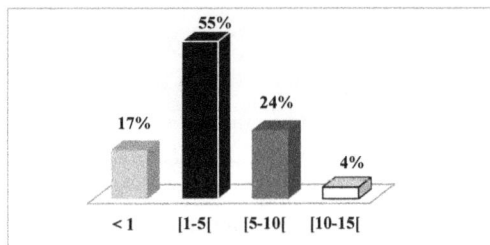

Figure № 15: Répartition des travailleurs selon l'ancienneté dans le métier

31

1-2-3-Informations concernant les animaux et les conditions de transport

Notre étude montre que tous les abattoirs enquêtés font l'abattage de poulet de chair, seulement concernant les souches les plus utilisés, nous avons constaté la dominance de la souche ISA15 avec pourcentage de 80%.

Ces résultats montrent la dominance de l'utilisation de la souche ISA15, à cause de leur meilleure qualité de la viande, et meilleur rendement.

Concernant le critère d'achat, les facteurs qui déterminent l'achat des poulets sont le poids et l'âge, avec dominance de l'âge par 62%.

La seule zone d'approvisionnement des abattoirs enquêtés est la wilaya de B.B. ARRERIDJ.

Pour le transport, les volailles sont transportés vivants dans des véhicules 100% découverts pendant une durée de 1h, 30.

1-2-4-Informations concernant l'abattage
1-2-4-1-Avant abattage

Le repos est un critère qui doit se faire après ramassage et transport pour minimiser au maximum les stress accumulés jusqu'à l'abattoir, malheureusement plus de la moitié des établissements enquêtés ne respectent plus cette étape qu'est très intéressante sur la qualité de la viande (voir la figure № 16).

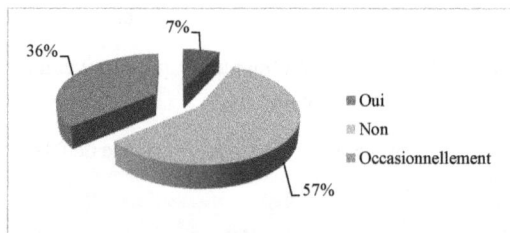

Figure № 16: Répartition des établissements selon la mise en repos des poulets avant l'abattage

Concernant le jeun des animaux avant l'abattage, nous avons remarqués que 71% des établissements enquêtés ne font pas se jeun qui varie entre 2-4heures.

Dans la plus part du temps le jeun se fait après le long du ramassage, transport à l'abattoir.

Pour l'inspection *post mortem,* 54% des éleveurs les poulets arrivent avec leur certificat d'orientation vers l'abattoir ; ce certificat est fourni par le fournisseur des poussins et le contrôle de la chute de poids, nous allons constater que 14% des établissements enquêtés font ce contrôle avant l'abattage.

1-2-4-2-Au cours de l'abattage

Notre enquête montre que la totalité des abattoirs enquêtés ne font pas l'accrochage et l'étourdissement, ils passent directement à la saignée pour cette opérationla majorité des établissements enquêtés utilisent des couteaux à lame moyenne, le plus essentiel ici c'est que la lame soit bien affûté et la saigné en une seul section.Ainsi que le temps moyen de la saigné est de 2,30 minutes, et le temps entre la section et la mort ne dépasse pas 1minute.

Pour l'échaudage des poulets, notre étude montre que la température de l'eau utilisée est de 50,41°c, avec une durée moyenne de trempage entre 1- 3minutes.La plumaison est effectuée mécaniquement chez la totalité des établissements enquêtés.

Concernant le lavage des poulets après plumaison, nous avons remarqués que la totalité font se lavage à la température ambiante.71% des établissements enquêtés font l'inspection, elle est assurée par le service vétérinaire après opération d'abattage. 100% des établissements effectuent l'éviscération manuellement, et effectuent aussi le dé jabotage après abattage.

La totalité des établissements enquêtés ne font pas l'élimination du cou et l'aspiration de poumon après abattage, par contre la totalité enlève les pattes.100% des tueries enquêtées, font le lavage final des carcasses après l'éviscération et l'élimination des pattes. Notre étude montre que 85% des structures enquêtés font ce ressuyage, dont la majorité de ces tueries font se ressuyage dans des chambre froides.

Avant la commercialisation, la totalité de ces établissements certifient d'abord le produit chez le docteur vétérinaire de la commune ou subdivision et cela après chaque opération d'abattage.

Concernant la conservation des carcasses notre enquête montre que 43% des tueries enquêtés font la conservation dans des congélateurs et Plus de la moitié (57%) des établissements enquêtés commercialisent leurs produits avec emballage, en cite à titre d'exemple le filet, le sachet, le carton et la cellophane, alors que le reste n'utilise pas des emballages.

1-2-5-Informations concernant la commercialisation

Notre étude signale que 71% des abattoirs enquêtés transportent leurs produits vers les boucheries et 36% de ces établissements font la vente directe des viandes au niveau des abattoirs, alors que pour le reste la vente se fait dans le marcher ou chez les boucheries.

2-Résultats de laboratoire

Dans cette partie, nous allons présenter les résultats de notre travaille au laboratoire, avec une simple discussion pour toutes les expériences réalisées.

2-1-Évolution des paramètres étudiés

Dans notre travail nous avons réalisé essentiellement les mesures de la glycémie et le pH d'une part et d'autre part les pertes en eau à la conservation, à la décongélation, et à la cuisson, ainsi que et le rendement technologique NAPOLE, les cinétiques de ces paramètres sont présentées pour le poulet de chaire utilisé selon les trois types de repos.

2-1-1-Évolution de la glycémie

Ce paramètre est choisi dans le but de donner une idée sur le niveau du stress des animaux avant abattage. Pour chaque type de repos nous avons mesuré la glycémie à trois niveaux, avant le transport, à la réception et à la saignée. Nous avons obtenu les résultats présentés dans la figure № 17.

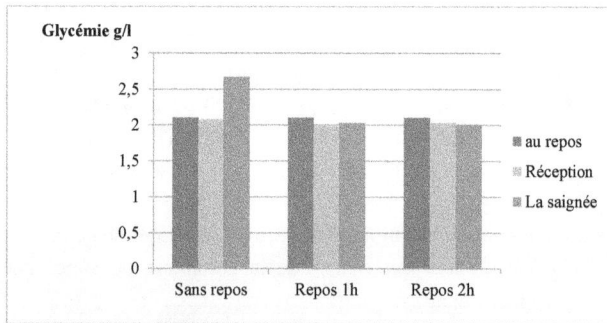

Figure № 17:Évolution de la glycémie selon les trois types du repos

D'après ces résultats on constate que :

La glycémie au repos pour les poulets est de 2.1g/l ±0.06.

Les valeurs de la glycémie à la réceptionsont de 2.08 g/l ±0.09 pour les poulets sans repos et de 1.98 g/l ±0.30,2.03g/l± 0.06 respectivement pour les poulets à 1h et

34

à 2h de repos. Ces résultats sont dans l'intervalle de glycémie normale qui varie de 1.90 à 2.20 g/l cité par SCANES (2009).

Après la saignée nous avons remarqué que la glycémie à rester dans l'intervalle de la norme pour les poulets qui on bénéficié d'une période de repos avant la saignée,par contre nous avons constaté que la valeur de la glycémie à la saignée 2,67g/l ±0,20est très importante par rapport à celle de la réception. Cette augmentation reflète encore un stress de l'animal due à la saignée directe sans repos.

2-1-2- Évolution du pH

D'après la revue bibliographique, après l'abattage des animaux, différentes transformations se produisent dans les muscles pour aboutir à une viande de propriétés organoleptiques définies. Parmi ces transformations nous avons lepH, un paramètre que nous avons choisi pour avoir une idée sur la qualité des viandes.

Le pH pour les trois types de repos suit presque le même profile qui se caractérise globalement par deux zones bien définies :

▓   La première correspond à une chute du pH.
▓   La deuxième représente une stabilité avec quelques fluctuations selon le poulet

L'évolution du pH pour les trois types de repos est représentée dans la Figure.№ 18.

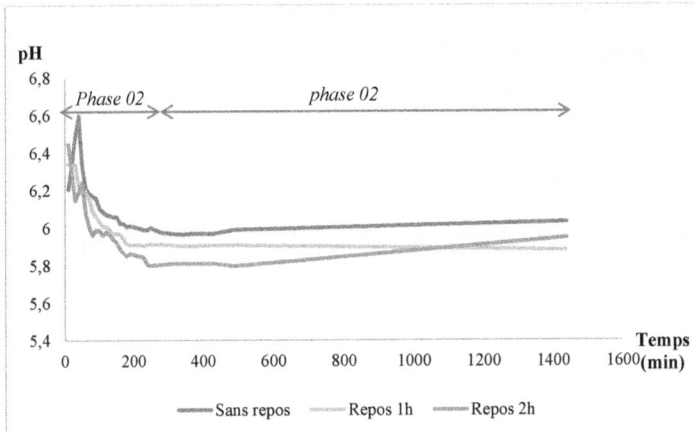

Figure № 18: Evolution du pH de la viande selon les trois types du repos

D'après la figure ci-dessus on peut remarquer que le pH décroit jusqu'à des valeurs ultimes de 6,02 ± 0,15(sans repos), 5.97 ± 0.14 (repos 1h), 5.80 ± 0.12 (repos 2h), ces pH ont été atteinte après 3 à 4 heures *post mortem*. Ces résultats montrent que la période de repos permet l'obtention d'un pHu dans les normes qui varie entre 5.7 et 5.9 (El RAMMOUZ, 2005).

Au cours de la deuxième phase on remarque après 24 heures une légère augmentation du pH à6.03 ±0.01 pour les poulets sans repos et5.94 ± 0.06pour les poulets avec un repos de deux heures, cela est due probablement à une altération bactérienne.

2-1-3-Mesure des pertes en eau à la conservation

Les pertes en eau au cours de la conservation à 4°C pendant 9 jours, ont été mesurées pour les trois types de repos sous la forme d'écoulement spontané (voir laFigure № 19).

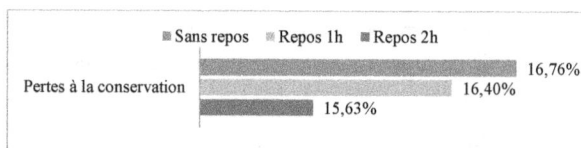

Figure № 19: pertes en eau à la conservation selon les trois types du repos.

Seulement une petite différence entre Les pertes en eau au cours de la conservation et remarque pour les troistypes de repos que,avec une valeur maximal de 16,76% ±3,9 (sans repos) et une autre minimal de 15,63% ± 6,06 (repos de 2h).

2-1-4-Mesure des pertes en eau à la décongélation

Les mesures des pertes à la décongélation pour les trois types de repos sont représentées dans la Figure№ 20.

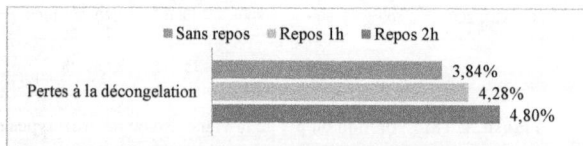

Figure № 20: pertes à la décongélation selon les trois types du repos.

D'après la figure on remarque seulement une légère différance pour les pertes à la décongélation entre les trois types de repos, la perte maximale et de 4,80% ± 0.53 (repos de 2 h), la perte minimale et de 3.84% ± 1.31 (sans repos).

2-1-5-Mesure des pertes en eau à la cuisson

La figure ci-dessous illustre les pertes en eau au cours dela cuisson pour les trois types de repos.

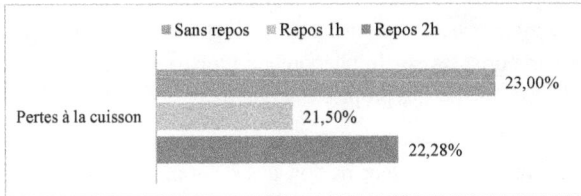

Figure № 21: pertes à la cuisson selon les trois types du repos.

La figure montre que la différence entre les pertes en eau au cours de la cuisson est légère pour les trois types de repos, avec un maximum de 23% ± 5.6 (sans repos) et un minimum de 21.50% ± 5,26 (repos 2h).

2-1-6-Mesures du rendement technologique NAPOLE

Des essais de transformation par saumurage-cuisson (rendement NAPOLE) ont été réalisés pour les trois types de repos. Les résultats sont illustrés dans la figure.№ 22.

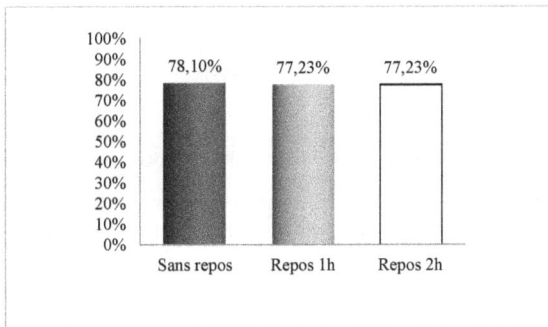

Figure № 22: RTN selon les trois types du repos

Ces résultats montrent que le rendement NAPOLE ne diffère que légèrement entre les trois types de repos, la valeur maximal du RTN est de78.3±1.01 et la valeur minimale et de 77.23 ± 2.4.

2-1-7 Évolution de la température musculaire au cours de l'étude

Parallèlement à notre étude nous avons suivi des paramètres qui risquent d'avoir un effet sur les évolutions *post mortem* des muscles, dans le but de s'assurer que leur influence ne contribue à aucunes variations musculaire.

La température est un facteur important lors des différentes manipulations des muscles *post mortem*, son influence au cours du stockage peut aboutir à des variations importantes sur le phénomène global de la transformation du muscle en viande et de ce fait sur les propriétés organoleptiques finales du produit.

Pour cela tous les muscles utilisés dans l'étude ont subi un régime thermique identique, afin que ce facteur ne soit pas à l'origine des différences pouvant exister entre eux. Le suivit de la température dans notre travail avait donc pour intérêt le contrôle du régime thermique et la vitesse de transfert dans le muscle.

Les résultats obtenus sont présentés dans la figure № 23.

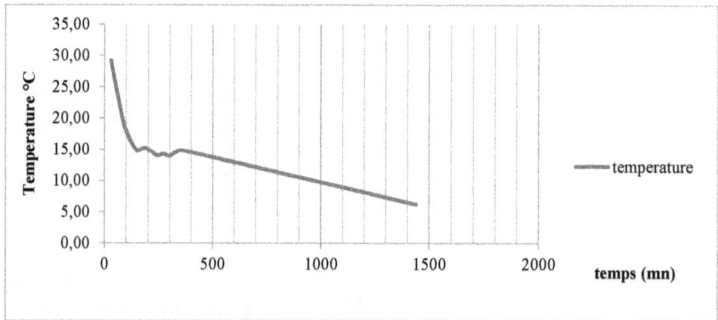

Figure № 23:Évolution de la température *post mortem*

L'observation de la figure n°29 permet de noter que la température diminue dans les premières 30 minutes jusqu'à une valeur de 29,2±1,48°C car la température des animaux vivants est de 41 à 42 (N'DRI, 2006) cette température continue à diminuer pour atteindre la température imposée par le régime choisi. Dans notre cas elle descend rapidement pendant les 2h *post mortem* pour arriver à 14,80±0,45°C en suite elle commence à se stabiliser autour des valeurs un peu inferieurs pour arriver enfin à la température voulue qui estinférieur à 12°C.Après 24h, les muscles atteignent la température de 6,20±0,82°C.

Discussion générale

Discussion générale

Le segment poulet constitue le secteur le plus important dans la filière avicole algérienne, et aussi pour la wilaya de Bordj Bou Arreridj car avec une production de 97 710 quintaux par année, elle a devenu parmi les wilayas de forte production de poulet de chair dans le territoire algérienne.

D'une manière générale nous avons remarqué après réalisation de notre enquête sur ces deux niveaux, élevage et abattage que le privé est le plus dominant dans ce secteur avec des capacités d'élevage et d'abattage moyen ≤ 7000 sujet/bâtiment et ≤ 2400 sujet/jour respectivement.

Commençant par la partie élevage, le climat et la géographie de cette wilaya a bien favorisé l'élevage des souches ISA 15 et Arbor Acres. Au niveau de ce secteur la majorité des manipulateurs ont appris leur métier par leur responsable car ils ont presque tous un niveau primaire, ce qui explique leur absence totale dans les manifestations et leur négligence envers les formations dans le domaine, mais ils gardent le contact avec leurs collègues.

Pour la conduite de l'élevage on note que la totalité des éleveurs pratiquent un élevage au sol avec des litières de sciure de bois pendant une durée de 60 jours en utilisant un matériel manuel. On note aussi que les opérations nécessaires comme la désinfection, le préchauffage, l'éclairage, le contrôle de température et de l'ammoniac, l'inspection vétérinaire et la vaccination sont assurer par tous les éleveurs par contre en remarque la négligence de certaine opérations telle que la ventilation, l'isolation, le suive de pois, l'utilisation des enzymes de digestion par la majorité d'entre eux, cela explique le taux élevé de mortalité globale.

Après élevage c'est spécialement le jeun, la manière de ramassage et le transport qui font sujet de stress des animaux, les efforts musculaire fournit a ces niveaux explique selon WARRISS et coll. (1999) la diminution des réserves en glycogènes hépatiques et musculaires.

Concernant la partie abattage les tueries privé sont les seul structures a trouvé dans la wilaya de Bordj Bou Arreridj avec une capacité ≤ 2400 sujet/jour. La réglementation imposé par le service d'hygiène, les services vétérinaires et le service de législation des fraudes orientent les producteurs vers le respect de la qualité et les obligent à l'application des conditions offrant la bonne qualité au consommateur.

Sachant que les conditions pré abattage sont ceux qui influencent le plus l'état physiologique des animaux et par la suite la qualité de la viande, à ce niveau et d'âpre notre enquête plusieurs pratiques font sujet à discuter et c'est le cas de :

- de repos et le jeûnes des animaux ; nous avons remarqué presque une absence totale de ces deux condition pré-abattage.
- la chaine d'abattage ; absence d'accrochage et d'étourdissement, tous les opérations sont effectué manuellement sauf pour la plumaison elle ce fait mécaniquement chez la totalité des établissements enquêtés.

D'après les résultats de cette enquête et vue le non-respect de certaine facteurs pré abattage (repos, jeûne), nous avons choisis le repos pré abattage comme un facteur a étudié au laboratoire.

La mise en évidence des cinétiques des mesures à travers leurs évolutions au cours du temps *ante* et *post mortem* est un moyen d'avoir une idée sur les transformations majeurs qui conduisent le phénomène naturel de transformation du muscle en viande.

La glycémie

Les poulets au repos et avant leur transport ils ont un taux de glycémie de (2.1 g/l ± 0.06) ces valeurs sont dans l'intervalle des normes (1.9 à 2.2g/l) cité par SCANES(2009), ultérieurement et suite au ramassage et transport nous avons trouvé a la réception des poulets, une petite diminution pour tous les animaux à des valeurs de 2.08 g/l ±0.09 pour les poulets sans repos et de 1.98 g/l ± 0.30, 2.03 g/l± 0.06 respectivement pour les poulets à 1h et à 2h de repos, ceci est dû à l'épuisement du glucose. TERLOUW (2002) rapporte que concrètement pendant la période pré-abattage (transport, attente à l'abattoir) une activité physique accrue diminue les réserves glucidiques du muscle et ce d'autant plus si elle est associée à un état de stress.

A la saignée, une différence est remarquée entre les taux de glycémie des poulets bénéficiant d'un temps de repos pré-abattage et ceux qui n'ont pas bénéficié d'un repos. Cette différence pourrait être expliquée par l'augmentation du taux de glycémie à la saignée pour les poulets sans repos, due à la peur et au stress des animaux provoqué par l'accumulation des perturbations subies par l'animal directement saigné (GFA, 2010). Par contre il n'y a pas de différence entre les taux de glycémie des poulets abattus après une heure et deux heures de repos. L'absconse de différance due au temps du repos qui a permet au poulet de calmer. D'après les résultats on peut dire qu'un repos d'une heure suffit pour que le taux de glycémie reste dans l'intervalle des normes à la saignée.

Le pH

Dans le muscle *post mortem*, l'accumulation de l'acide lactique est des protons H^+ induit la chute du pH, c'est une acidification progressive qui se poursuit jusqu'à l'arrêt des réactions biochimiques anaérobies (EL RAMMOUZ, 2005). Au cours de notre étude les résultats illustrent ce phénomène car nous avons obtenu des allures comparables avec celle citées par la bibliographie. D'une manière générale, ces résultats montrent que l'évolution du pH *post mortem* passe par deux phases, une descente rapide jusqu'à pHu de 6,02 ± 0,15(sans repos), 5.97 ± 0.14 (repos 1h), 5.80 ± 0.12 (repos 2h) puis une stabilité. Les valeurs de pHu pour les volailles varient entre 5,7 et 5,9 (El RAMMOUZ, 2005).

D'après les résultats obtenus nous avons remarqué une différence entre les pHu des trois types de repos.

Le ph ultime pour les poulets sans repos est de 6,02 ± 0,15 cette valeur est élevée par rapport au pH normal des volailles ça pourrait être explique par un manque de glycogène en réserve dans le muscle au moment de l'abattage qui est due aux perturbations émotionnels (peur), aux dépenses physiques supplémentaire suivi directement par la saignée (BENDALL, 1973), donc la formation d'acide lactique par la glycolyse *post mortem* et insuffisante pour faire baisse le pH à des valeurs normal.

Pour les poulets avec un repos d'une heure le pHu est de 5.97 ± 0.14 cette valeur a diminué par rapport à celle des poulets sans repos, mais elle ne pas encore dans la norme, ça revient à l'insuffisance du période du repos.

Cependant on remarque que le pHu après 2 heures de repos (5.80 ± 0.12) et dans l'intervalle de pHu normal cite par El RAMMOUZ (2005), cette période de repos a permis aux animaux de ce calmer et donc démineur la sécrétion de l'adrénaline et des glucocorticoïdes (KANNAN et Coll, 1997) , cela conduit à la diminution de l'activité ATPasique du muscle(Berri, 2001), et donc diminution de consommation des réserves énergétiques du muscle avec régénération de glycogène (HENCKEL, 2002). Les réserves de sucre contenues dans le muscle (glycogène) se transforment progressivement après la saignée jusqu'à leurs épuisements en acides lactique qui acidifie le muscle (GFA, 2010), provoquant une baisse de la valeur du pH ultime.

Les pertes en eau

FERNANDEZ et coll. (2002) indiquent que les propriétés technologique de la viande, comme sa capacité de rétention en eau, sont diminuées dans le muscle pectoral lorsque le pH diminue jusqu'à une valeur basse, se rapprochant du point isoélectrique des protéines (5,4 - 5,6).

Un fort pouvoir de rétention en eau est parmi les caractéristiques d'une viande à pH ultime élevé (FLETCHER, 1997).

Pour les pertes en eau à la décongélation, à la conservation, et à la cuisson, nous avons trouvé une légère différence entre les trois types de repos, donc probablement le repos n'a pas d'effet sur les pertes d'eau.

Le rendement technologique de NAPOLE (RTN)

Nous avons réalisé la mesure du rendement technologique NAPOLE (RTN). Ce test a initialement été mis au point pour évaluer l'aptitude à la transformation de viande de porc en jambon cuit (NAVEAU et Coll, 1985). Une légère différence entre les résultats a obtenu donc on peut dire, que le repos pré abattage n'a pas d'effet sur le rendement technologique de NAPOLE.

Conclusion

Conclusion

L'enquête sur la filière poulet de chaire dansla wilaya de Bordj Bou Arreridj (Algérie) pour le côté élevage et abattage a montrer la dominance des structure privé dans ce secteur, d'une manière générale les niveaux de formation des manipulateurs est le fondamentale pour les responsables ou bien les ouvriers, ainsi nous avons remarqué d'après notre enquête que la majorité de ces dernier ont pris leur métier par les responsables c'est ce qui explique leur absence totale dans les manifestations et leur négligence envers les formations, et reste le contacte entre les collègues la seule manière pour prendre les informations et l'expérience dans le domaine.

L'étude de pratiques utilisées à la conduite d'élevage montre d'une manière générale que la majorité des éleveurs enquêtés essaient le maximum de respecter les conditions d'élevages pour avoir un produit de bon qualité et par conséquent un bon rendement, mais l'utilisation des techniques manuelles et l'absence d'isolation au niveau des bâtiments restent les deux inconvénients majeurs. Pour le secteur d'abattage la totalité des structures enquêtées sont des tueries, on note quees conditions qui précèdent l'abattage(le jeun, le repos) sont négligées.

Le travail au laboratoire a été réalisé dans le but d'étudié l'effet du repos sur la qualité de la viande.

Le taux de glycémie mesuré à plusieurs niveaux nous a donné une idée sur le comportement physiologique de l'organisme à différentes situations de stress car au repos les animaux permet d'avoir des glycémies dans les normes (2.1g/l ±0.06) alors qu'après, le ramassage et le transport ; les valeurs (2.03g/l ±0.05) diminuent suite à l'épuisement des réserves corporelles. Par la suite la peur des animaux provoquée par le changement d'environnement, un état de stress qui fait augmenter le taux de glycémie (2,67g/l ±0,20 cas sans repos).

Le niveau ultime du pH est un facteur de variation importante des qualités organoleptiques et technologiques de la viande. Ainsi, le pH ultime influence la couleur, le pouvoir de rétention d'eau et quelques propriétés rhéologiques du muscle pectoral. Lacinétique d'évolution dans le temps *post mortem* pour tous les animaux permet de distinguer 2 phases, l'une consiste en une chute rapide et l'autre la stabilité.

L'apparition de carcasses à pH élevé6, 02± 0,15 (sans repos) ne dépend pas d'une cause unique mais de l'accumulation, avant l'abattage de multiples facteurs aggravants tout est joué avant l'abattage, et rien ne permet de corriger le pH mieux qu'une période de repos précède l'abattage 5.80 ± 0.12 (repos 2h).

Les mesures des pertes à la conservation, à la décongélation, à la cuisson et le rendement technologique de NAPOLE (RTN) ont pour but d'évaluer les propriétés technologiques de la viande, comme sa capacité de rétention en eau, et faire une comparaison entre les trois types de repos. Les résultats obtenus ont montrés seulement une légère différence entre les trois types de repos, ce qui veut dire que le repos na pas vraiment un effet sur les pertes en eau et le RTN.

Références bibliographiques

A

ALBOU, 1968. Les questionnaires psychologiques.1ère Edition. Presse universitaire de France. pp 06-34.

ALDERS R. et SPRADBROW P., 2000

La maladie de Newcastle dans les élevages avicoles villageois Manuel de terrain ;

Australian centre for international aricultural research (ACIAR). 76P.

ALLEN, C. D., RUSSELL, S. M., & FLETCHER, D. L., 1997. The Relationship of Broiler Breast Meat Colour and pH to Shelf Life and Odour Development. Poultry Sci. 76 : 1042-1046.

ARNOULD, C. LETERRIER,C ., 2007. INRA, CNRS, Université de Tours, Haras Nationaux, UMR 85 Physiologie de la Reproduction et des Comportements, F-37380 Nouzilly, France.

B

BABJI, A.S., FRONING, G.W., & NGOKA, D.A., 1982. The Effect of Preslaughter Environmental Temperature in the Presence of Electrolyte Treatment on Turkey Meat Quality. Poultry Sci. 61 : 2385-2389.

BASTIAENS, A., DEROANNE, C., DELVAUX, G. et CARLETTI, G. (1992). In *Proc. 38th Int. Cong. Meat Sci. Technol.*, Clermont-Ferrand, France, 325-328

BENDALL J.R., 1973. Post Mortem Changes in Muscle. Pages 244-309 in : Structure and Function of Muscle. Bourne G. H., ed., Academic Press, New York.

BUYSE J., SIMONs P.C.M., BOSHOUWERS F.M.G, DECUYPERE E., 1996. World's Poult. Sci. J., 52, 121-130.

BOCCARD et BORDES., 1986. MeatQuality .34 :123-151.

C

CASHMAN, P. J., NICOL, C. J., & Jones, R. B., 1989. Effects of Transportation on the Tonic Immobility Fear Reactions in Broilers. Br. Poultry Sci. 30 : 211-221.

CASSENS, R. G., MARPLE, D. N., & EIKELENBOOM, G., 1975. Animal Physiology and Meat Quality. Adv. Food Res. 21 : 71-155.

CORNFORTH, D. P., 1994.Color and Its Importance. Pages 34-78 in: Quality Attributes and Their Measurement in Meat, Poultry, and Fish Products. Pearson A. M., and Dutson, T. R., eds. Chapman and Hall, London, UK.

CRAIG, E. W., & FLETCHER, D. L., 1997.A Comparison of High Current and Low Voltage Electrical Stunning Systems on Broiler Breast Rigor Development and Meat Quality. Poultry Sci. 76: 1178-1181.

CRAIG, E. W., FLETCHER, D. L., & PAPINAHO, P. A., 1999.The Effects of Ante Mortem Electrical Stunning and Post Mortem Electrical Stimulation on Biochemical and Textural Properties of Broilers Breast Meat.Poultry Sci. 78 : 490-494.

CULIOLI, J., TOURAILLE, C., BORDES, P., GIRARD, J. P., 1990. Caractéristiques des Carcasses et de la Viande du Poulet "Label Fermier". Arch. Geflugelk. 53 : 237-245.

D

DEBUT, M., BERRI, C., BAEZA, E., SELLIER, N., ARNOUD, C., GUEMENE, D., BOUTEN, B., JEHL, N., JEGO, Y., BEAUMONT, C., & LE BIHAN-DUVAL, E., 2003.Variation of Chicken Technological Meat Quality in Relation with Genotype and Stressing Pre-Slaughter Conditions. Poultry Sci. 82 : 1829-1838.

DEBUT M., BERRI C., ARNOULD C., GUEMENE D., SANTE-LHOUTELLIER V., SELLIER N., BAEZA E., JEHL N., JEGO Y., BEAUMONT C., LE BIHAN-DUVAL E., 2005.Behavioral and physiological responses of three chicken breeds to pre-slaughter shackling and acute heat-stress. Br. Poult. Sci., 46: pp 527-535

DEROANNE, C., CASTERMANT, B. et DESPONTIN, J.-Ph. (1983).In *Proc. 6 Europ.Symp.Poult. Meat*, Ploufragan - France, 28-36

DUNN, A. A., KILPATRICK, D. J., & GAULT, N. F. S., 1993.Influence of Ultimate pH, Sarcomere Length and Cooking Loss on the Textural Variability of Cooked M. Pectoralis Major from Free Range and Standard Broilers. Br. Poultry Sci. 34: 663-675.

E

Ehinger, F., 1977.The Influence of Starvation and Transportation on the Carcass Quality of Broilers. Pages 117-124 in : The Quality of Poultry Meat. Scholtyssek, S., ed. European Poultry Federation, Munich, Germany.

F

FARMER L J., 1999Poultry meat flavor. In: Poultry Meat Science Symposium. RICHARDSON, R. I. and G. C. Mead (eds). CABI Publ., Oxfordshire, UK.

FAO , codex alimentaire /viande et produit a base de viande 1994.

FLETCHER, D.L., 1999 .Broiler Breast Meat Color Variation, pH, and Texture. Poultry Sci. 78 : 1323-1327.

FLETCHER, D. L., QIAO, M., & SMITH, D. P., 2002. The Relationship of Raw Broiler Breast Meat Color and pH to Cooked Meat Color and pH Poultry Sci. 79 : 784–788.

FREEMAN, B. M., P. J. KETTLEWELL, A. C. C. MANNING, and P. S. BERRY, 1984.Stress of Transportation for Broilers. Vet. Rec., 114: 286 - 287.

FRONING, G.W., 1995.Color of Poultry Meat. Poultry and Avian Biol. Rev. 6 : 83-93.

FRONING, G. W., & UIJTTENBOOGAART, T. G., 1982.Effect of Post Mortem Electrical Stimulation on Color, Texture, pH, and Cooking Loss of Hot and Cold Deboned Chicken Broiler Breast Meat. Poultry Sci. 67 : 1536-1544.

G

GASPERLIN, L., ZLENDER, B., & VARGA, C., 1999. The Colour and Texture of Broiler Breast Meat Related to Different Conditions of Rearing and Chilling. Acta AgrariaKaposváriensis. 3 : 195-202.

GEAY Y, BAUCHART D, HOCQUETTE JF, CULIOLI J.,2002. Valeur diététique et qualités sensorielles des viandes de ruminants. Incidence de l'alimentation des animaux. *INRA ProdAnim*2002 ; 15 : 37-52.

GFA , Groupe France Agricole 2010.

GIRARD J.P., BOUT J., SALORT D., 1994. Lipides et qualités du tissu adipeux, facteurs de variation. Journées Rech. Porcine en France, 20, 255-278.

GORDON S.H., 1994.World's Poult. Sci. J., 50, 269-282.

GREGORY N.G., WILKINS L.J., 1989.Broken bones in domestic fowl: handling and processing damage in end-of-lay battery hens. Br. Poult. Sci., 30, pp 555-562

H

HOLM, C. G. P., & FLETCHER, D. L., 1997. Ante Mortem Holding Temperatures and Broiler Breast Meat Quality. J. Appl. Poultry Res. 6 : 180-184.

HONIKEL, K. O. 1998. Reference methods for the assessment of physical

Characteristics of meat. Meat Science 49(4): 447-457.

HUGHES, B.O., 1976.Behaviour as an index of welfare. Proc. 5thEur. Poultry Conf., 1005-1018.

I

IMMONEN, K., RUUSSUMEN, M., & PUOLANNE, E., 2000. Some Effects of Residual Glycogen Concentration on the Physical and Sensory Quality of Normal pH Fall. Meat Sci. 55 : 33- 38.

K

KANNAN G., HEATH J.L., WABECK C.J., MENCH J.A., 1997a .Shackling of broilers: effects on stress responses and breast meat quality. Br. Poult. Sci., 38, pp 323-332.

KANNAN G, MENCH JA., 1996. Br PoultSci, 37: 21-31.

KANNAN, G., HEATH, J. L., WABECK, C. J., SOUZA, M. C. P., HOWE, J. C., & MENCH, J. A., 1997. Effects of Crating and Transport on Stress and Meat Quality Characteristics in Broilers. Poultry Sci. 76 : 523-529.

KIJOWSKI, J., & NIEWIAROWICZ, A., 1978.Emusifying Properties of Proteins and Meat from Broiler Breast Muscles as Affected by Their Initial pH Values.J. Food Technol. 13 : 451-459.

KHAN, A. W., 1971. Effect of Temperature During Post-Mortem Glycoysis and Dephosphorylation of High Energy Phosphates on Poultry Meat Tenderness. J. Food Sci. 36 : 120-121.

KOOHMARAIE, M., KENT, M. P., SHAKELFORD, S. D., VEISETH, E., & WHEELER, T. L., 2002. Meat Tenderness and Muscle Growth : Is There any Relationship? Meat Sci. 62 : 345-352.

KOTULA, K. L., & WANG, Y., 1994.Characterization of Broiler Meat Quality Factors as Influenced by Feed Withdrawal Time. J. Appl. PoultryRes. 3 : 103-110.

L

LAMBOOIJ, E., 1999. Handling of Poultry before Slaughter :Sme Aspect of Welfare and Meat Quality. Pages 311-321 in : XIV European Symposium on the Quality of Poultry Meat. Bologna, Italy.

LAWRIE, R. A. 1966. Metabolic Stresses Which Affect Muscle. Pages 137-164 in : The Physiology and Biochemistry of Muscle as Food. Briskey, E. J., Cassens, R. G., &Trautman, J. C., ed. The University of Wisconsin Press, Madison.

LAWRIE, R. A., 1998 a. Chemical and Biochemical Constitution of Muscle, Pages 58-94, and The Conversion of Muscle to Meat, Pages 96-118 in : Lawrie's Meat Science. 6thed. Woodhead Publishing Ltd., Cambridge, England.

LYON, C. E., PAPA, C. M., & WILSON, R. L., 1991. Effect of Feed Withdrawal on Yields, Muscle pH, and Texture of Broiler Breast Meat. Poultry Sci. 70 : 1020-1025.

M

MALTIN, C., BALCERZAK, D., TILLEY, R., & DELDAY, M., 2003. Determinants of Meat Quality : Tenderness. Proceeding of the Nutrition Society.62 : 337-347.

MENCH J., 1992. Poult. Sci. Rev., 4, 107-128.

MUCCHEILI MR., 1975. Le questionnaire dans l'enquête psychologique connaissance des problèmes et applications pratiques. Edition ES. Paris. pp 54-82.

MCKEE, S. R., & SAMS, A. R., 1997. The Effect of Seasonal Heat Stress on Rigor development and the Incidence of Pale, Soft exudative Turkey Meat. PoultrySci. 76 : 1616-1620.

MARTINE DEBUT , CECILE BERRI , ELISABETH BAEZA , NADINE SELLIER ,2003.analyse en composantes principales de la qualite technologique de la viande de poulet en relation avec le genotype et le stress avant abattage. ITAVI - 28 rue du Rocher, 75008 Paris,

MCGINNIS, J. P., FLETCHER, D. L., PAPA, C. M., & BUHR, R. J. 1989. Early Post mortem Metabolism and Muscle Shortening in the Pectoralis major Muscle of Broiler Chickens. Poultry Sci. 68 : 386-392.

MIELNIK, M., AND N. KOLSTAD, 1991. The Influence of Transportation Time on the Quality of Broiler Meat. Norwegian J. Agric. Sci. 5: 245 - 251.

MILLAR, S., R. WILSON, B.W. MOSS, & LEDWARD, D.A., 1994. Oxymyoglobin Formation in Meat and Poultry. Meat Sci. 36 : 397-406.

MOLETTE, C., REMIGNON, H., & BABILE, R., 2003. Maintaining Muscle at a High Post Mortem Temperature Induces PSE-Like Meat in Turkey. Meat Sci. 63 : 525-532.

MONIN, G., & OUALI, A., 1992. Muscle Differentiation and Meat Quality. Pages 89-159 In : Development in Meat Science. R. A. Lawrie, ed. Elsevier Appl. Sci., London, UK.

MONIN, G. 1988. Evolution post mortem du Tissu Musculaire et Conséquence sur les Qualités de la Viande de Porc. Journées Rech. Porcine en France. 20 : 201-214.

N

NAVEAU, J., P. POMMERET ET P. LECHAUX. 1985. Proposition d'une méthode de mesure du rendement technologique "la mÈthodeNapole". Techi-Porc 8(6): 7-13.

NGOKA, D.A., & FRONING, G. W., 1982.Effect of Free Struggle and Preslaughter Excitement on Color of Turkey Breast Muscles. Poultry Sci. 61 : 2291-2293.

NGOKA, D. A., FRONING, G. W., LOWRY, S. R., & BABJI, A. S., 1982. Effect of Sex, Age, Preslaughter Factors and Holding Conditions on the Quality Characteristics and Chemical Composition of Turkey Breast Muscles.Poutry Sci. 61 : 1996-2003.

NORTHCUTT, J. K., FOEGEDING, E. A. & EDENS, F. W., 1994.Water-Holding Properties of Thermally Preconditioned Chicken Breast and Leg Meat. Poultry Sci. 73 : 308-316.

NORTHCUTT, J. K., BUHR, R. J., & YOUNG, L. L., 1998.Influence of Preslaughter Stunning on Turkey Breast Muscle Quality. Poultry Sci. 77 : 487-492.

O

OFFER, G., & KNIGHT, P., 1988 a. The Structural Bases of Water-Holding in Meat; Part 2: Drip Losses. Pages 173-241 in: Developments in Meat Science 4.Lawrie, R. A., ed. Elsevier Applied Science, London, U.K.

OWENS, C. M., & SAMS, A. R., 2000.The Influence of Transportation on Turkey Meat Quality. Poultry Sci. 79 : 1204-1207.

P

PARROT, R., & MISSON, B. H., 1989.Changes in Pig Salivary Cortisol in Response to Transport Simulation, Food and Water Deprivation and Mixing. Brit. Vet. J. 145 : 501-505.

PIETRZAK, M., GREASER, M. L., & SOSNICKI, A. A., 1997.Effect of Rapid Rigor Mortis Processes on Protein Functionality in Pectoralis Major Muscle of Domestic Turkeys.J. Anim. Sci. 75 : 2106–2116.

R

RABOT, C., GANDEMER, G., MEYNIER, A., LESSIRE, M. ET JUIN, H. (1999). *Viandes Prod. Carnés* 20(3) : 93-97

S

SAVENIJE, B., LAMBOOJI, E., GERRITZEN, M. A., VENEMA, K., & KORF, J., 2002. Effects of Feed Deprivation and Transport on Preslaugter Blood Metabolites, Early Postmortem Muscle Metabolites, and Meat Quality. Poultry Sci. 81 : 699-708.

SAUVEUR, B. (1997).*INRA Prod. Anim.***10**(3): 219-226

SMITH, D. P., FLETCHER, D. L., & PAPA, C. M., 1999. Post mortem Biochemistry of Pekin Ducking and Broiler Chicken Pectoralis Muscle. Poultry Sci. 71: 1768-1772.

SCHREURS, E. J. G. 2000. Post mortem Changes in Chicken Muscle. World's Poultry Sci. J. 56 : 319- 346.

SCANES, C.G., 1986. Pituitary Gland. Pages 383-402 In : Avian Physiology. New York, NY, USA.

SZCZESNIAK, A. S., & KLEYN, D. H. 1963. Consumer Awareness of Texture and other Food Attributes. Food Technol. 17 : 74-78.

T

THOMSON, J. E., LYON, C. E., HAMM, D., & DICKENS, J. A., 1986. Effects of Electrica Stunning and Hot Deboning on Broiler Breast Meat Quality.PoutrySci. 65 : 1715-1719.

TOURAILLE, C., RICARD, F.H., KOPP, J., VALIN, C., LECLERCQ, B. (1981).*Arch. Geflügelk.***45** : 97-104

TOURAILLE, P. C., LASSAUT, B., & SAUVAGEOT, F., 1985. Qualités Organoleptiques de Viandes de Poulets Label. Viandes et Produits Carnés. 6 : 67-72.

W

WARRISS P.D., WILKINS L.J., KNOWLES T.G., 1999. The influence of *ante-mortem* handling onpoultry meat. In: Poultry Meat Science,Richardson R.I., Mead G.C. (Eds), Oxon, CABIPublishing, pp 217-230.

WARRISS, P. D., & BROWN, S. A., 1987. The Relationship between Initial pH, Reflectance and Exudation in Pig Muscle.MeatSci. 20 : 65-74.

Annexes

Les tableaux des moyennes et l'Écart types (sans repos)

Tableau № 2: Moyenne et Écart types pour le pH

Temps	pH moyenne	cart type
10	6,20666667	0,21007935
20	6,33333333	0,29022979
30	6,49	0,11269428
40	6,59666667	0,13279056
50	6,33	0,1473092
60	6,21	0,21
70	6,18666667	0,15947832
80	6,17	0,15132746
90	6,15666667	0,14977761
100	6,10333333	0,16258331
110	6,08666667	0,15534907
120	6,07	0,19
130	6,06666667	0,17009801
140	6,06	0,16093477
150	6,06	0,18027756
160	6,02333333	0,1569501
170	6,02333333	0,1569501
180	6,00666667	0,14364308
190	6,01	0,14177447
220	5,99666667	0,11930353
230	5,99	0,08888194
240	5,99	0,07937254
250	6	0,09848858
280	5,97666667	0,06658328
310	5,97	0,06557439
340	5,96666667	0,05686241
370	5,97	0,05567764
430	5,97	0,06244998
490	5,99	0,04
1440	6,03	0

Tableau.№ 3: Moyenne et Écart types pour la glycémie

Glycémie	Moyenne	Écart type
Réception	2,08666667	0,09073772
Saignée	2,67666667	0,20428738

Tableau.№ 4: Moyenne et Écart types pour les pertes

les pertes	moyenne	Écart type
Cuisson	23,2066667	5,69281418
Conservation	16,7666667	3,96274316
Décongélation	3,82	1,31730786
RTN	78,1	1,01488916

Les tableaux des moyennes et l'Écart types (repos 1h)

Tableau № 5: Moyenne et Écart types pour le pH

Temps	pH moyenne	Ecart type
10	6,34	0,11789826
20	6,33333333	0,18903263
30	6,34	0,29
40	6,22	0,27495454
50	6,19	0,21283797
60	6,19666667	0,24583192
70	6,15333333	0,20428738
80	6,09	0,15588457
90	6,06	0,14
100	6,03333333	0,17214335
110	6,01	0,19313208
120	6,00666667	0,15631165
130	5,99333333	0,14571662
140	5,96666667	0,14571662
150	5,97333333	0,15534907
160	5,96666667	0,1474223
170	5,94333333	0,12503333
180	5,91666667	0,10115994
190	5,91	0,09848858
220	5,91	0,0781025
230	5,90333333	0,09073772
240	5,91333333	0,09073772
250	5,91333333	0,08144528
280	5,91333333	0,07637626
310	5,90666667	0,07767453
340	5,90333333	0,07637626
370	5,90333333	0,07023769
430	5,90666667	0,08082904
490	5,90666667	0,08082904
1440	5,88	0,05196152

Tableau № 6: Moyenne et Écart typespour la glycémie

Glycémie à	Moyenne	Écart type
Réception	1,98666667	0,30859898
Saignée	2,03666667	0,11930353

Tableau.№ 7: Moyenne et Écart types pour les pertes

les pertes	Moyenne	Écart type
Cuisson	21,5	5,26782688
Conservation	16,40866667	6,37597313
Décongélation	4,28666667	2,10868047
RNT	77,2333333	2,49064918

Les tableaux des moyennes et l'Écart types (repos 2h)

Tableau № 8: Moyenne et Écart types pour le pH

Temps	H moyenne	Écart type
10	6,44666667	0,1747379
20	6,29333333	0,1266228
30	6,14666667	0,15947832
40	6,18666667	0,16563011
50	6,24333333	0,28746014
60	6,07666667	0,17897858
70	6,00666667	0,17214335
80	5,96333333	0,18230012
90	5,99	0,25238859
100	5,98666667	0,21548395
110	5,96	0,21283797
120	5,98	0,20297783
130	5,96666667	0,17785762
140	5,94	0,16093477
150	5,92333333	0,19295941
160	5,88666667	0,15011107
170	5,86666667	0,16165808
180	5,85	0,16822604
190	5,86333333	0,15373137
220	5,84666667	0,13613719
230	5,84333333	0,140119
240	5,80666667	0,12423097
250	5,8	0,12124356
280	5,80333333	0,13576941
310	5,81	0,13076697
340	5,81	0,1473092
370	5,81	0,13856406
430	5,81	0,15588457
490	5,79666667	0,15011107
1440	5,94666667	0,06027714

Tableau № 9: Moyenne et Écart types pour la glycémie

Glycémie à	Moyenne	Écart type
Réception	2,03666667	0,06027714
Saignée	2,00333333	0,13051181

Tableau № 10: Moyenne et Écart types pour les pertes

les pertes à la	Moyenne	Écart type
Cuisson	22,2833333	3,66782406
Conservation	15,6366667	6,65106257
Décongélation	4,80666667	0,53528808
RNT	77,2333333	3,20052079

www.ingramcontent.com/pod-product-compliance
Lightning Source LLC
Chambersburg PA
CBHW021608210326
41599CB00010B/661